DE LA

CRISTALLOTECHNIE,

OU

ESSAI SUR LES PHÉNOMÈNES DE LA CRISTALLISATION.

DE LA

CRISTALLOTECHNIE,

OU

ESSAI SUR LES PHÉNOMÈNES

DE LA CRISTALLISATION,

Et sur les moyens de conduire cette opération pour en obtenir des cristaux complets, et les modifications dont chacune des formes est susceptible.

PAR NICOLAS LEBLANC,

Ancien Officier de santé, Chimiste, ancien Administrateur du département de la Seine, membre de plusieurs Sociétés de Savans et d'Artistes.

Les Sciences physiques ont entre elles des rapports immédiats, et les progrès de l'une influent sur l'avancement des autres.

AN X — 1802.

Le cit. Molard, directeur du conservatoire des Arts et Métiers, m'a fourni des secours, sans lesquels il m'eût été impossible de reprendre mes opérations, et de parvenir à pouvoir exposer mes produits sous les yeux du public. C'est dans un laboratoire de cet établissement, à Saint-Martin, que se fait aujourd'hui mon travail.

DISCOURS PRÉLIMINAIRE.

Le mécanisme de la reproduction de tous les êtres, tient à l'un des plus grands phénomènes de la nature, et mérite des méditations profondes.

On voit, par la variété des corps répandus dans toutes les parties de l'Univers, par les phénomènes qu'ils présentent à nos regards, dans les divers états qu'ils ont à parcourir, que la nature est pourvue de grandes facultés. Le végétal naît d'un germe organisé, qui reçoit dans ses couloirs la matière propre à son accroissement et à sa nourriture; et, en cela, il se rapproche de l'animal, dont la vie dépend aussi d'une sorte de végéta-

tion. Le minéral, au contraire, semble privé de toutes les facultés des deux autres règnes. Caché dans le sein de la terre, dépourvu d'organes sensibles, il paraît absolument inanimé : mais, la régularité et l'arrangement symétrique des parties dont il est composé, y font reconnaître, pour ainsi dire, l'empreinte d'une vie commencée.

Mettre à nu, au moyen de la dissection, le noyau d'un cristal; par-là, découvrir la forme primitive des molécules du sel qui l'a produit; démontrer que tous les changemens de forme, dans les sels, tiennent à des lois qui peuvent être saisies, calculées; c'est donner à la science plus de précision, faire disparaître des lacunes, des fausses théories, assurer la marche du cristallographe, et présenter au philosophe une nouvelle occasion d'admirer la nature, dans l'une de ses plus belles opérations : cette découverte suffit au géomètre ; les règles invariables suivant lesquelles on obtient de nouvelles formes, par l'assemblage de plusieurs corps réguliers et semblables entr'eux, présentent à son esprit tous les polièdres que la nature peut produire ; mais les causes déterminantes de ces changements, dans la distribution des molécules, restent inconnues. L'apparution d'un octaèdre, qui résulte de la section régulière et proportionnelle des angles solides d'un cube, en découvrant, par cette section, les plans suivant lesquels les lames sur-ajoutées ont été successivement appliquées, suffit pour démontrer que ce cube peut résulter d'un accroissement pendant lequel des soustractions régulières dans les rangées de molécules, aux lames surajoutées, se sont opérées ; que le passage de l'une de ces formes à l'autre, donne toutes les modifications qui peuvent appartenir à chacune d'elles ; et il ne reste plus qu'à déterminer les circonstances qui peuvent occasionner ces transformations successives. Cette dernière classe de recherches, est l'objet du cristallotechnite : ses opérations donneront des résultats propres à justifier les théories vraies qui ont pu le précéder, et à rectifier la doctrine des Naturalistes qui se sont trompés.

Il suffisoit d'appercevoir dans la liqueur un individu isolé, s'accroître, présenter des angles, des faces complettes, suivre la même forme autant de tems que cette liqueur conservait les mêmes conditions, pour avoir l'idée de favoriser de pareilles productions. L'exãmen des propriétés des liqueurs salines, celui des phénomènes que produisaient les perturbations; les accidens de position; tous ces cas, dis-je, conduisaient naturellement aux moyens convenables pour les éviter, ou pour réparer, à tems, les défauts que ces mêmes perturbations avaient apporté dans le courant de l'opération.

Le premier pas quelquefois conduit rapidement au second; et l'assemblage de plusieurs points, dans l'observation, jette nécessairement un nouveau jour sur son objet. Ayant remarqué, parmi les cristaux d'un sel, que les uns présentaient des prismes terminés par des sommets coupés net et obliquement; que les autres, au contraire, laissaient voir bien distinctement des pyramides avec l'angle du sommet très-aigu; assuré, ensuite, que cette différence appartenait à la seule position du cristal; et cette expérience, répétée avec soin, ayant constamment donné les mêmes résultas, je m'apperçus bientôt qu'un sel, toujours dans la même condition, fournissait des cristaux de même forme; que les cristaux pouvaient être déplacés, conduis, renversés et transvasés, sans que l'ordre de leur accroissement fût interrompu ; que les vices de position, les accidens de contact, pouvaient être facilement réparés ; que l'accroissement d'un cristal était illimité ; que les parties d'un cristal, quelques petites qu'on pût les supposer, étaient chacune un cristal semblable au premier ; c'est-à-dire, qu'un octaèdre, par exemple, brisé en mille morceaux, fournissait, par un accroissement ultérieur, mille octaèdres semblables au premier. Je conçus alors la possibilité d'établir l'art du Cristallotéchnite. *Il peut arriver que cette idée soit de quelque secours aux Naturalistes : quoiqu'il en soit, j'aurai peut-être fourni l'occasion d'entreprendre des recherches utiles. Une collection que j'aurais pu avancer depuis plus de vingt ans, sera reprise, et donnera de nouveaux moyens aux Minéralogistes. Plusieurs phénomènes intéressans, capables de fixer l'opinion du Physicien, se représenteront, et l'ob-*

servateur sera frappé de la multitude d'expériences neuves qui lui seront suggérées, et qui sont capables d'offrir la solution de plusieurs problêmes d'histoire naturelle : enfin, si cet art peut être rétabli, perfectionné, et qu'une main plus heureuse, un observateur plus éclairé s'en occupe, je serai consolé du malheur de n'avoir pu trouver aucun secours pour porter mon travail plus loin. En décrivant les opérations telles que je les ai suivies, il sera facile de les répéter, de saisir les conséquences des phénomènes que chacune d'elles peut présenter; d'étendre ses vues et de conduire à une plus grande perfection, un travail auquel déjà plusieurs Naturalistes ont applaudi.

Un solide formé par l'agrégation de molécules salines, s'accroît par l'addition successive de nouvelles molécules semblables aux premières ; il en résulte des formes constantes, si l'ordre suivant lequel s'opère la distribution de ces molécules n'éprouve aucun changement. Les expériences anatomiques et les formules du cit. Hauy, ont démontré que les lames surajoutées pouvaient décroître par des soustractions régulières, dans les rangées de molécules, de manière à produire une forme nouvelle ou secondaire ; que ces soustractions pouvaient avoir lieu sur divers points, et donner cette multitude de variétés que l'on observe.

Je communiquai, en 1786, à l'Académie des Sciences, un mémoire qui tendait à prouver que l'accroissement d'un cristal, dans des positions variées, pouvait en imposer; que certaines dimensions changeaient suivant les diverses positions ; et que souvent il fallait vérifier les angles pour être détrompé. Déjà j'avais aussi apperçu l'influence que pouvait avoir un nouveau corps, en modifiant plus ou moins la forme que l'on avait obtenue avant son addition. J'avais encore reconnu que les surcompositions étaient plus fréquentes qu'on ne l'avait pensé jusqu'alors. Tel fut le premier pas dans la recherche des causes qui apportent des modifications plus ou moins apparentes, et souvent nombreuses, qui s'observent dans les cristaux d'un même sel. Bientôt aux variétés de position, aux accidens de contact, aux effets de la surcomposition, vinrent se présenter les phénomènes qui appartiennent aux différences de proportions dans les principes constituans des sels ; au degré d'analogie entre le sel et son menstrue ; aux influences météoriques, etc. Je crus alors pouvoir classer ces phénomènes et consulter les savans, par un mémoire sur la manière de construire un ouvrage élémentaire, touchant l'art qui semblait dériver de toutes ces observations. J'espérais qu'une collection de cristaux salins, irait incessamment enrichir nos cabinets, et faciliter l'étude de cette branche importante de l'histoire naturelle. Toutes mes démarches, pour atteindre ce but, furent infructueuses, et je me détermine aujourd'hui à publier un travail que j'avais toujours eu le dessein et l'espérance d'étendre et de perfectionner.

DE LA

CRISTALLOTECHNIE,

OU

ESSAI SUR LES PHÉNOMÈNES DE LA CRISTALLISATION,

Et sur les moyens de conduire cette opération pour en obtenir des cristaux complets, et les modifications dont chacune des formes est susceptible.

LA Cristallotechnie, ou l'art de diriger la cristallisation des sels, doit être considérée comme un art absolument neuf : aucunes recherches n'avaient encore donné l'occasion de classer les phénomènes de cette belle opération, qui, peut-être, embrasse un plus grand nombre de corps qu'on ne l'a pensé. Pour obtenir des cristaux complets, il faut nécessairement les isoler dans des vases à fonds plats. Le verre, la porcelaine, sont au nombre des matières qu'il faut préférer pour cet usage. Il est important, pour obtenir de bons résultats, d'employer des sels purs, et de les traiter avec soin. Si, à ces premières précautions, on ajoute celles de placer les cristallisoirs dans un lieu bien en repos, de connaître l'état dans lequel les liqueurs commencent à fournir des cristaux, ce qui peut s'obtenir d'une manière exacte, au moyen de l'aréomètre, on aura rempli les premières conditions nécessaires au succès de l'opération. Je vais donner quelques détails pour ceux des commençans qui voudraient s'en occuper.

Les molécules salines ne peuvent se rapprocher, se mettre en contact et former des cristaux, qu'autant que les proportions entr'elles et le fluide, dans lequel elles sont en dissolution, ne s'opposent point aux effets de leur attraction mutuelle : par exemple, une liqueur saline, qui ne commencerait à fournir des cristaux qu'à une intensité de neuf degrés, ne produirait rien à une intensité moindre ; mais si on la portait à plusieurs degrés au-dessus de neuf, elle fournirait plutôt, et les cristaux se trouveraient plus multipliés et confondus ; ils seraient enclavés et ne présenteraient que des parties de cristal. Quoique chacune de ces parties étant détachée et soumise à un nouvel accroissement, pût être complettée, on n'obtiendrait pas aussi promptement de bons résultats. Ainsi, la même liqueur, portée un peu au-dessus de neuf degrés, versée, étant encore chaude, dans le vase que l'on a destiné pour son opération ; ou bien, abandonnée dans le même vase où la dissolution a été faite, au repos et à un refroidissement lent, donnera des cristaux rares, qui n'auront d'autres défectuosités que celles qui dépendent de leur contact avec la capsule : on trouve même quelquefois, parmi ces embryons, des cristaux complets. Lorsque le rapprochement de la liqueur n'a pas été porté trop loin, que le refroidissement s'est opéré lentement, non-seulement les embryons ont moins de volume, mais encore l'application des molécules s'étant faite sans tumulte, il en résulte une plus grande transparence. Après un temps plus ou moins long, suivant l'espèce de sel que l'on aura traité, on voit distinctement ces mêmes embryons, l'on peut avec une spatule les détacher et les agiter pour changer leur position : ceux qui par cette opération ce sont trouvés posés sur de nouvelles faces, ont leurs défectuosités de contact bientôt réparées ; ce sont ces derniers et les cristaux complets qui donneront les plus beaux élèves. Cette opération doit être renouvelée chaque jour au moins une fois, c'est-à-dire le renversement du cristal d'une face sur l'autre, afin qu'une plus grande régularité dans la distribution des molécules le présente dans toute la beauté dont il est susceptible. Après un certain tems, on sépare les embryons pour rapprocher la liqueur, soit en la faisant évaporer, soit en y faisant dissoudre une nouvelle portion du même sel ; et après son refroidissement, et la séparation des cristaux qu'elle a pu fournir, si on l'a trop rapprochée ou trop chargée, on y dissémine les embryons, et l'on continue de les traiter comme nous l'avons dit. Lorsque leur volume permet de les saisir et de faire choix de ceux que l'on veut élever, soit comme cristaux simples, complets, ou comme variétés de position, d'enclavement, etc., on distrait les individus choisis pour les élever séparément ; alors il faut préparer pour eux des liqueurs que l'on rapproche assez pour qu'elles puissent fournir des cristaux en masse ; et la liqueur que l'on sépare de cette première cristallisation convient en général pour alimenter, sans troubles, les élèves que l'on avait disposés. On les distribue dans la capsule, soit qu'on y ait d'abord mis la liqueur, soit qu'on ne l'ajoute qu'après avoir posé ces mêmes cristaux. Il faut ensuite avoir l'attention de les changer de position, en les renversant toujours d'une face sur l'autre ; de cette manière, et en ayant soin de maintenir des liqueurs propres à les alimenter, on élèvera, à tel volume que l'on jugera à propos, tous les cristaux salins que l'on aura voulu traiter.

Lorsque la quantité des molécules, qui, dans un état donné de rapprochement, jouissaient efficacement de leur faculté d'attraction, a diminué par l'accroissement l'accroissement des cristaux qu'elles ont produit ; ou plutôt que celles qui restent en dissolution, ne peuvent plus jouir de cette faculté, les cristaux ne croissent plus ; il arrive, au contraire, s'ils sont abandonnés dans la liqueur, qu'ils se dissolvent. C'est ordinairement sur les arrêtes et sur les angles que les décroissemens commencent, et il y a certains sels où le dépouillement du cristal semble se faire pièce à pièce, de manière à présenter bien distinctement le gîte des mollécules, si je puis ainsi m'exprimer ; car, dans ce cas, on remarque facilement des lignes parallèles à ses faces, et disposées à l'instar des marches d'un escalier. Si l'accident dont nous parlons a été porté trop loin, il faut quelquefois beaucoup de tems pour en obtenir la réparation ; mais il est aisé, en général, d'éviter cet inconvénient, en consultant assez souvent l'état des élèves. Lorsque l'on apperçoit que les angles, les arrêtes, ne présentent plus au toucher le vif, que l'on trouve toujours aux cristaux qui croissent dans de bonnes proportions ; on les sépare de la liqueur pour rapprocher celle-ci de nouveau, ou bien y ajouter une portion de cette même liqueur très-rapprochée, que l'on verse en la disséminant dans la capsule. Ayant pour but de faciliter les opérations des commençans, je dois dire ici quelle est la manière de se procurer une portion de liqueur surchargée convenablement, pour donner, à celle qui contient les élèves, la propriété de les accroître pour un nouveau laps de tems. On fait dissoudre une partie du même sel dans une quantité donnée d'eau, de manière à la surcharger, ainsi que nous en avons déjà prévenu ; on la laisse refroidir et cristalliser à part ; on décante ensuite, et l'on verse en la disséminant, comme nous l'avons dit, la portion que l'on juge convenable pour restaurer celle qui contient les élèves. Il y a ici, et dans beaucoup d'autres cas, des objets que l'on appelle de tâtonnement, auxquels la description la plus exacte ne pourrait obvier, mais dont les difficultés disparaîtront facilement sous la main du *Cristallotechnite* observateur.

Lorsque l'on est parvenu à avoir des cristaux assez volumineux pour être placés un à un, sans contact entr'eux, on continue de les changer souvent de position; ce qu'il est aisé de faire avec la spatule ou tout autre instrument qui puisse ne rien communiquer à la liqueur : de cette manière, les faces du cristal, qui se sont trouvées alternativement en contact avec le fond de la capsule, se rétablissent dans une progression égale, et le cristal reste toujours complet. Il arrive quelquefois, faute d'avoir pris des précautions suffisantes, que la nouvelle liqueur que l'on emploie pour continuer l'opération de l'accroissement, ou parce qu'elle se trouve encore trop surchargée, ou bien parce qu'elle aura éprouvé de grands chocs en la transvasant, qu'il s'établit une multitude de centres d'attraction, autres que ceux qui appartiennent aux élèves ; alors il se forme un grand nombre de cristaux embryons qui recouvrent ces élèves et s'incrustent à leur surface : si on s'y prend à tems, on peut séparer ces embryons sans altérer les autres cristaux, qui, faute de cette précaution, se trouveraient gâtés.

C'est principalement dans les sels qui fournissent des prismes allongés, que l'on peut aisément remarquer l'influence de la position. Dans le mémoire déjà cité, j'en ai donné un exemple bien positif ; le cristal, dans l'état d'embryon, paraît pouvoir rester sur l'une de ses bases aussi bien que sur l'un de ses pans. Dans le premier cas, le prisme se trouve comprimé dans le sens d'une base à l'autre, et le cristal semble n'être qu'un segment régulier du cristal, qui, ayant eu sa position sur l'un des pans du prisme, a pris une très-grande étendue. Le cristal (*fig.* 1, *planche première*) est un prisme hexaèdre, dont les sommets sont obliques et coupés net : s'il se trouve posé sur le pan *c d o p*, par exemple, il croît alors avec une étendue plus ou moins grande, mais toujours de manière que la distance d'une base à l'autre n'est jamais moindre que celle qui se trouve entre les côtés ; tandis que si sa position se trouve sur l'une de ses bases *g h k a c d*, il croît principalement dans le sens de ses côtés, et semble comprimé d'une base à l'autre ; alors il présente, au premier aperçu, un cristal différent du premier, comme on peut le voir (*fig.* 2, *pl.* 1.). Les arrêtes *a n*, *g b*, (*fig.* 1) forment le sommet des pyramides apparentes *s g*, (*fig.* 2) qui sont séparées par un prisme quadrilaterre. Cette circonstance explique parfaitement l'une des causes qui font varier les faces d'un cristal, par rapport à leur étendue respective ; elle milite en faveur de mon assertion contre l'équipondérance prétendue entre les molécules du sel et celle de son menstrue. Elle fait voir que si la force d'attraction est la cause efficiente du rapprochement des molécules salines, la force de la gravitation agit en même-tems et modifie, plus ou moins les effets de la première.

D'après ces observations et l'état différent dans lequel se trouvent les substances cristallisées, on doit conclure, ce me semble, que l'analogie ou la force d'adhérence entre les molécules du sel et les molécules du dissolvant, varient suivant des circonstances qui tiennent au degré de tendance que les corps ont entr'eux, et aux poids respectifs des parties qui les constituent. Si, dans l'état d'embryon, on renverse le cristal (*fig.* 1), de manière qu'il pose sur l'une de ses bases, il croît alors dans les dimensions du cristal (*fig.* 2); et de même celui-ci, renversé à son tour sur l'un de ses pans, croît dans les dimensions d'un prisme plus allongé.

Un cristal isolé, posé par l'une de ses faces sur un plan uni, et qui croît dans le repos, présente sur cette partie une trémie dont la forme est absolument correspondante à la face qu'elle remplace : ici les molécules salines ne pouvant plus s'appliquer sur cette même face, se distribuent uniquement aux parties qui baignent, avec cette circonstance, que les bords de la face en contact croissent et soulèvent à mesure le cristal, sans donner accès à la liqueur dans la cavité.

Les trémies qui se forment à la surface des liqueurs diffèrent quelquefois entr'elles dans un même sel, par les raisons suivantes : si on suppose qu'une molécule fasse le point commençant de la trémie, celle-ci aura une configuration relative à la face de la molécule présentée à la surface de la liqueur ; mais la partie qui baigne croît aussi, et si une circonstance vient changer la position, la trémie, se formant nécessairement suivant les dispositions de la partie qui correspond exactement au niveau de la liqueur, changera de forme, parce que la position nouvelle de la face présentée diffère de la première.

Lorsqu'un sel neutre, pur, après avoir cristallisé, cesse d'agir sur les teintures bleues, on ne doit plus soupçonner qu'aucun de ses principes soit en excès ; et si, dans cet état, il se combine avec d'autres corps, de manière à produire des cristaux solides et bien déterminés, il faut admettre une affinité entre le sel neutre et le corps ajouté.

On n'a pas encore fait de recherches bien suivies sur les surcompositions dont plusieurs sels sont susceptibles. Monet me paraît être le premier qui ait été frappé de l'idée de ces affinités de surcomposition; il les a démontrées sur plusieurs sels, et Bergman a fait la même observation; mais je suis porté à croire que ces affinités sont beaucoup plus étendues qu'on ne l'a pensé jusqu'à présent, non-seulement par rapport aux sels neutres entr'eux, mais encore entre ces mêmes sels et d'autres corps. Cette partie de recherches peut présenter des découvertes utiles, et il est à desirer que quelques personnes s'en occupent.

Je n'ai pas cru devoir considérer, comme surcomposition, l'excès de l'une des parties constituantes que certains sels présentent d'une manière plus ou moins solide ou permanente. Ce phénomène semble prouver que certains sels ont dans la combinaison de leurs principes deux points de perfection différens ; ces circonstances sont trop généralement connues pour qu'il soit nécessaire d'en citer des exemples : seulement je rendrai compte ici de ce que j'ai observé à l'égard du sulfate d'alumine, en ce que cela me paraît expliquer la cause de l'état acidule dans lequel la nature paraît présenter ce sel constamment. C'est que plus l'alun approche de l'état de saturation par une addition de sa base, moins cette nouvelle combinaison est solide, et que dans tous les cas, la portion surajoutée, au bout d'un temps plus ou moins long, fait divorce. Je ne connais pas d'auteur qui ait jamais parlé d'alun cubique natif. Au reste, je crois que l'on sera convaincu dans la suite que cette tendance à la combinaison qui bâtit, organise et fait croître, dans tous les instans, cette multitude d'individus différens, gît non-seulement dans les propriétés données des principes simples, mais encore dans celles qui appartiennent à tous les composés.

Plusieurs des sels vitrioliques se trouvent toujours à l'état acidule, et tous paraissent susceptibles de se charger d'une nouvelle quantité de la même base jusqu'à saturation. Par exemple, le sulfate de cuivre, dans l'état où il se trouve ordinairement, cristallise en prismes obliques à huit pans (*fig.* 3, *pl.* 1), terminées par des faces coupées net, suivant l'obliquité du prisme. Si on ajoute une nouvelle quantité de sa base, alors les cristaux présentent des piramides taillées par plusieurs faces (*fig.* 5, *pl.* 2), et séparées par un prisme quadrilatère. Le sulfate acidule de zinc donne des prismes hexaëdres, souvent très-réguliers; et une addition de sa base donne lieu à un grand changement, puisque tous les cristaux alors sont des rhomboïdes peu différens du cube, etc. J'ai fait voir que l'alun, qui dans l'état ordinaire donne l'octaëdre régulier (*fig.* 4, *pl.* 2), fournissait le cube (*fig.* 6), dans les proportions intermédiaires entre cet état et celui de saturation.

Le citoyen Hauy a démontré que la forme des molécules primitives était la même dans tous les cristaux d'un même sel, et il a fait voir par le calcul que les variations naissaient des lois de décroissement dans les lames qui entourent le noyau; mais l'ordre suivant lequel la forme secondaire a lieu, peut être interrompu, soit que cette forme soit complette ou non, et le cristal peut alors, suivant les circonstances, retourner à la forme primitive, ou bien à quelques-unes de celles qui en dérivent : mais toutes mes expériences à cet égard m'ont paru démontrer que ces changemens sont toujours l'ouvrage de nouvelles conditions introduites dans la liqueur, telles que la différence de proportion dans les principes qui constituent le sel, etc.

Si, dans la liqueur qui fournit l'alun cubique, on soumet à l'accroissement un cristal d'alun octaèdre, celui-ci passe au cube par une soustraction de rangées de molécules aux sommets des angles solides (*fig.* 10, *pl.* 3); ensorte que les lames vont décroissant sur les faces triangulaires, jusqu'a ce que le cristal présente sa nouvelle forme d'une manière complette (1). Il suit de-là que le centre de chacune des faces de l'octaèdre correspond à une angle solide du cube dans lequel il est inscrit (*fig.* 7, *pl.* 2). Si, au contraire, on soumet le cube à l'ac-

---

On peut arrêter le cristal à l'époque que l'on aura jugé à propos; et de cette manière se procurer les différentes modifications. La figure 11, repréſente un cristal passant au cube.

sement dans la liqueur qui donne l'octaèdre, son retour à cette dernière forme, s'opère dans le même ordre, c'est-à-dire, par la soustraction de rangées de molécules aux sommets des angles solides du cube : mais il arrive souvent, dans ce cas, que des soustractions se font en même-tems sur les arrêtes; ensorte que les lames de superposition vont décroissant tout-à-la-fois, suivant l'ordre qui rétablit l'octaèdre, et suivant l'ordre qui produit le dodécaèdre à plans rhombes. Ce phénomène m'a paru indiquer la possibilité d'obtenir de l'alun cette dernière forme; mais je crois aussi que les circonstances qui pourraient la déterminer d'une manière complette, dépendent d'un état de proportion, qu'il n'est pas tonjours aisé de rencontrer ou de maintenir. Les opérations de la *Cristallotechnie* sont délicates, elles ont été trop négligées, et il faut de nouveaux efforts pour que cette belle partie puisse sortir de l'oubli auquel elle paraît avoir été condamnée.

On vient de voir, par l'expérience, que le retour d'une forme à une autre peut avoir lieu ; ce phénomène, qui n'avait point encore été observé, (et dont quelques auteurs ont fait usage depuis, sans avouer que cette observation m'appartenait,) et auquel il ne paraît pas que l'on ait jamais rapporté l'état actuel d'un cristal, mérite une attention particulière. La théorie explique le passage d'une forme à l'autre, par des lois suivant lesquelles chaque lame surajoutée décroît par des soustractions successives et régulières de rangées de molécules ; ensorte que la forme actuellement obtenue, le retour à la forme précédente, s'expliquerait très-bien aussi par la seule restitution. J'ai cru utile, pour les commençans, de faire observer que, pendant toutes ces espèces de métamorphoses, les deux opérations par lesquelles le cristal reçoit d'une part une nouvelle forme, et de l'autre s'accroît sur toutes ses surfaces, ont constamment lieu.

Les parties salines, divisées par un fluide, paraissent lui adhérer, molécules à molécules, sans souffrir de décomposition (1); mais il s'en faut bien qu'elles soient en aucun cas en équipondérances absolues avec les parties du dissolvant. Parmi les expériences que j'ai mises en usage pour m'assurer de ce fait, il en est une que j'ai cru devoir rapporter. J'ai mis dans un vase de deux pouces de diamettre sur deux pieds de hauteur, une dissolution assez

(1) Certains sels à bases métalliques ou terreuses, se décomposent dans l'eau, si celle-ci est employée en grande quantité, proportionnellement à la quantité du sel, ainsi que Ribaucourt l'a déjà observé.

rapprochées pour alimenter des cristaux que j'avais suspendus à différentes distances jusqu'à la surface ; j'ai remarqué que l'accroissement était d'autant plus considérable, que le cristal se rapprochait davantage du fond du vase ; et lorsque la liqueur se trouvait dépouillée de molécules, par les effets de l'accroissement, du repos, et quelquefois aussi par les évènemens de l'atmosphère, les cristaux décroissaient par des gradations semblables à celles des accroissemens ; de manière qu'il arrivait un tems où les cristaux qui se trouvaient les plus voisins de la surface de la liqueur, se dissolvaient ; tandis que ceux qui occupaient le fond, prenaient encore de l'accroissement. Quelquefois ces derniers ont continué de croître dans la partie qui touchait le fond du vase, tandis que la partie opposée du même cristal se dissolvait.

Toutes les expériences aréométriques sur les différens sels que j'ai examinés, sont absolument d'accord avec cette observation. La différence dans les degrés de salaison des eaux de la mer, qui peuvent dépendre de la différence des profondeurs, milite encore en faveur de mon opinion. L'eau de la mer, analysée par Begman, avait été puisée à la hauteur des Canaries, et à soixante brasses de profondeur ; les citoyens Rouelle et Darcet ont analysé l'eau de la mer, puisée au Pas-de-Calais et à la surface. La différence des résultats, dans ces analyses, paraît encore confirmer ce que nous venons d'établir. Le citoyen Darcet est entièrement de cette opinion ; on trouve, dans son ouvrage, intitulé : *Observations et Remarques sur le Baromètre et le Thermomètre*, une expérience qui ne laisse aucun doute sur la précipitation spontanée des molécules du sel marin, tenu en dissolution. Un usage très-ancien chez les habitans de la commune de Salies, dans le ci-devant Béarn, présente cette expérience, qui consiste à jetter un œuf dans l'eau de la source salée qui doit être répartie entre les habitans. Cet œuf, quelquefois très-enfoncé, s'arrête aux couches qui ont une intensité assez forte pour le supporter. Toute la liqueur que l'on est obligé d'ôter pour arriver jusqu'à lui, est rejettée, et l'on partage ensuite celle sur laquelle il surnage. Le même auteur rapporte encore les observations des citoyens Schobert et Guetard, sur les dispositions de plusieurs mines de sel, en Pologne, et conclut que les amas de sel gêmme sont continuellement formés de cette manière, dans les basfonds de l'Océan. Tous ces phénomènes diffèrent encore suivant la nature des sels et des menstrues.

Tout le monde sait que la température froide est la plus convenable pour la cristallisation des sels ; mais ce n'est pas lorsqu'elle peut congeller la dissolution qu'il convient d'opérer. Quelquefois cette circonstance, en donnant un rapprochement trop rapide, occasionne une cristallisation confuse, qui ne peut se réparer sans porter de grandes atteintes aux élèves. Ceux-ci, quelquefois, dans ces sortes de cas, se trouvent fracturés en plusieurs sens, et semblent pouvoir se diviser en éclats.

Ici j'appelle l'attention de toutes les personnes qui voudraient s'occuper de cette question, afin de confirmer ou détruire, par des expériences suffisantes, l'opinion que je vais émettre sur la manière d'entendre l'opération qui nous occupe. J'emploierai, pour cet exposé, la méthode qui se présente à mon esprit, comme la plus facile et la plus convenable pour rendre le plus clairement ma pensée.

Jusqu'ici on a divisé les substances salines cristallisables, par rapport à la manière dont les cristaux se produisent, en deux classes ; l'une regarde les sels qui cristallisent par refroidissement ; et l'autre, ceux qui fouruissent leurs cristaux uniquement pendant l'évaporation. Cette distinction est vraie, mais elle a des exceptions qu'il est essentiel de bien entendre pour les opérations de la *cristallotechnie*. Si on laisse refroidir une liqueur surchargée, elle fournit une masse de cristaux confondus, qui ne présentent que des parties de cristal où l'on puisse reconnaître une forme déterminée, et cela seulement à la surface qui baignait ; c'est-à-dire, celle qui était tournée vers la masse de la liqueur. Cette dernière étant entierement refroidie et transvasée, donnera de nouveau des cristaux, mais d'une maniere plus rare. Il y a des sels où cette transvasion peut être répétée plusieurs fois, et produire à chacune de ces occasions, des cristaux qui deviendront moins nombreux à mesure que l'on s'éloignera de la première époque. Ce phénomène a lieu, soit que les liqueurs restent exposées à l'air, soit qu'on les tienne dans des vaisseaux fermés. Il en résulte que l'accroissement ou la formation des cristaux, dans ce cas, dépend seulement de la force d'attraction des molécules entr'elles, ou bien entre celles-ci et le cristal : faculté que le refroidissement ne peut détruire et qui vraisemblablement, dépend des distances et du degré d'analogie qui existe entre le sel et son menstrue. J'ai observé des liqueurs salines, qui fournissaient à l'accroissement des cristaux, de cette maniere, pendant très-long-tems. C'est uniquement dans cet intervalle, depuis le refroidissement qui a mis la liqueur à la température la plus rapprochée de celle de l'atmosphère, jusqu'au dépouillement qui ne permet plus aux molécules salines de s'adapter, que l'accroissement des cristaux peut se faire sans trouble et les présenter avec toute la perfection dont ils sont succeptibles.

Les substances sèches ne sont pas les seules qui absorbent l'eau dissoute ou répandue dans l'atmosphère, lorsque des influences météoriques agissent de manière à produire ces espèces de transudations universelles : une liqueur chargée d'un sel quelconque, partage toujours cette disposition ; ensorte que, pour certains sels les liqueurs prenent une propriété dissolvante, qui ne manque jamais d'attaquer les élèves par un commencement de dissolution ; accident auquel on obvie avec la précaution de tenir dans l'état de sécheresse le lieu dans lequel on a placé les cristallisoirs. Par des causes qui produisent des dispositions opposées, dans l'atmosphère, l'évaporation des liqueurs se trouve augmentée, et ce cas, comme le précédent, exige des attentions de la part de l'opérateur. Ces remarques pouront paraître minutieuses à quelques personnes; mais il peut se rencontrer aussi que quelque observateur en fasse un bon usage. Il se peut que le perfectionnement de la *cristallotechnie* soit utile aux progrès de l'histoire naturelle, en nous faisant connaître plusieurs faits importans, et en nous procurant, en quelque sorte, un nouvel ordre de substances.

Observations générales.

On voit par tout ce qui vient d'être dit, que les dissolutions des sels cristallisables ont des degrés de rapprochement en de-çà desquels elles ne sont pas propres à fournir des cristaux; qu'il faut les réduire un peu au-delà du terme ou elles commencent à donner des produits, pour en obtenir de convenables aux opérations dont il s'agit ici. Je donnerai, dans un instant, le procédé qui me paraît à portée du plus grand nombre, et au moyen duquel on peut déterminer, pour chaque sel, le degré d'intensité où les molécules ont acquis le rapprochement nécessaire à une aggrégation paisible; c'est-à-dire, celui où les molécules salines peuvent se joindre sans confusion, et de manière à bâtir régulièrement le cristal et lui conserver toute la transparence dont il est succeptible. On voit, dis-je, que les cristaux, dans toutes les époques, peuvent être mus et replacés d'une capsule ou d'une liqueur dans une autre; que plus leurs progrès sont lents, plus ils acquièrent de la beauté et de la perfection. Ces opérations ont leurs difficultés; elles exigent beaucoup de patience et d'attention; mais aussi, on est grandement dédommagé lorsque les élèves ont acquis assez de volume pour laisser appercevoir la forme à laquelle on les à destinés ; et par la beauté des phénomènes qui se présentent pour ainsi dire, à chaque pas.

Il est essentiel de bien entendre que ce ne sont pas les cristaux formés pendant l'évaporation artificielle, ni ceux qui se forment pendant le refroidissement des liqueurs, qui conviennent pour faire des élèves. Les liqueurs refroidies, c'est-à-dire, lorsquelles ont pris la température de l'atmosphère, et qu'elles sont dépouillées des molécules salines qu'elles contenaient par surabondance, ont encore la faculté de donner des produits jusqu'à ce que les distances ne permettent plus à ces mêmes molécules, de s'attirer réciproquement ; une dissolution surchargée, donne en refroidissant, des masses de cristaux enclavés : on transvase ensuite la liqueur, et de nouveau elle fournit des cristaux plus rares ; et quelquefois placés un à un. Le degré d'intensité qu'elle avoit avant de fournir ce nouveau produit, peut-être considéré comme le terme où il convient de la prendre pour l'espèce de sel que l'on aura traité; mais si l'on a acquis assez d'habitude dans ses sortes d'opérations, et que l'on connaisse à peu-près les proportions convenables entre le sel que l'on veut traiter et le menstrue, on emploie le moyen que nous avons déjà indiqué, et qui consiste a laisser refroidir lentement et dans le plus grand repos, la liqueur, qui, ne se trouvant pas surchargée, fournit des cristaux rares.

C'est par erreur que l'on a dit que les élèves pouvaient s'enclaver les uns dans les autres, s'ils se touchaient pendant leur accroissement; il est mieux de les tenir séparés; mais je n'ai pas trouvé que leur attouchement fut nuisible, si d'ailleurs leur nombre dans le vase est tel qu'ils ne soient pas pressés l'un par l'autre. Ce n'est jamais que dans la cristallisation qui résulte du refroidissement d'une liqueur surchargée, que les cristaux se trouvent enclavés et confus; les molécules dans ce cas, se disputent la place, s'il est permis de s'exprimer ainsi, et leur placement dans cette espèce de désordre, éprouve une sorte d'irrégularité; aussi voit-on que les sommets qui s'élèvent de l'espèce de gateau formé sur les surfaces où repose la liqueur, présentent seuls une forme déterminée; la masse dans laquelle ces derniers sont implantés, comme dans une gangue, ne présente que de la confusion. C'est toujours à dessein d'aplanir les difficultés pour les commençans, que j'entre dans ces sortes de détails.

On ne connaissait point de tremies, autres que celles qui se forment à la surface des liqueurs, et c'est de cette espèce seulement dont j'ai voulu parler à l'égard du vitriol de cuivre; quant à celles qui résultent d'un contact exact au fond du vase, elles ont plus communement lieu avec d'autres sels. Quoiqu'il en soit, ce phénomène qui n'avait point encore été observé, semble mériter quelqu'attention ; il explique facilement l'insertion des corps étrangers qui se rencontre quelquefois dans l'intérieur d'un cristal : lorsqu'une tremie de cette espèce a acquis une certaine profondeur, elle peut recevoir un corps quelconque, et se fermer par le changement de position de ce même cristal, en conservant le corps introduit. L'art peut très-bien suppléer à ces cas fortuits dans les opérations de la cristallotechnie, et présenter des phénomènes de cette espèce, en les variant au gré de l'opérateur. J'ai répété plusieurs expériences pour savoir si un corps étranger pouvait devenir le noyau d'un cristal ; je n'ai jamais observé que les molécules d'aucun sel, eussent de la tendance à s'unir à aucune des substances que j'ai employées à cette épreuve ; les portions qui s'attachaient étaient toujours des cristaux particuliers, et non des agrégations régulières autour de ce noyau parasite.

On trouve des substances salines, qui quelquefois conservent encore dans leur dissolution un excès de molécules après leur refroidissement ; et qui, fortement agitées, ou soumises à de grands chocs, s'en dépouillent aussitôt, comme nous l'avons déjà observé, par un multitude de petits embryons qui troublent la liqueur. L'immersion d'une certaine quantité d'élèves dans ces liqueurs m'a paru aussi provoquer quelquefois cette distraction, qui ne manquerait pas de gâter l'opération, si on ne se hâtoit, par une lotion dans l'eau, d'en débarrasser les élèves, bientôt attaqués par l'incrustation de ces mêmes embryons. J'ai fait remarquer aussi, que lorsque la dissolution se trouvoit dépouillée de molécules à un certain degré, que les cristaux non-seulement cessaient de croître, mais encore qu'ils se dissolvaient souvent, et que les angles et les arêtes s'arrondissoient; si ensuite on restitue des molécules à la liqueur, de manière à fournir de nouveau à l'accroissement des cristaux, il s'établit sur chaque partie arrondie des faces qui forment ce que les Cristallographes ont appelé *faces surnuméraires*, *troncatures*, *&c*. Ces faces ne manquent jamais de disparaître à mesure que l'accroissement se continue, jusqu'au rétablissement parfait des angles et des arêtes vives. C'est aussi avec l'attention d'entretenir la pureté et la propreté des liqueurs salines que l'on est plus assuré de conserver aux cristaux de la beauté, de la transpararence. Souvent, après un certain laps de tems, ces liqueurs déposent des matières étrangères au sel quelles contiennent, et qui auparavant se trouvaient en dissolution avec lui. Ces parties étrangères se manifestent quelquefois comme parties terreuses, précipitées au fond du vase ; dans d'autres circonstances elles sont disséminées par flocons, et enfin d'autres fois elles surnagent. Dans tous ces cas il faut retirer les élèves et filtrer la liqueur pour les replacer ensuite.

Une substance saline cristallisable, quelle qu'elle soit d'ailleurs, porte dans la condition des molécules qui la composent, une propriété déterminée toujours constante, et dans laquelle réside essentiellement la faculté de se réunir simétriquement, et de construire ainsi des solides réguliers. Les résultats sont de même constans, lorsque l'on opère avec soin, et il faut une grande attention pour bien distinguer les différentes circonstances qui peuvent accompagner l'opération. Par exemple, le sulfate de fer présente presque toujours des rhomboïdes dans sa cristallisation, et cependant je l'ai obtenu en octaëdres irréguliers; et quoiqu'il soit vrai qu'un octaëdre

octaëdre très-allongé entre deux de ses côtés soit alors dans la classe des cristaux prismatiques, il n'appartient pas moins à la forme octaëdre ; mais il m'a paru que le plus souvent ces espèces de variétés appartenaient aux changemens qui s'établissaient dans les dissolutions elles-mêmes. Le fer, dans celle dont nous parlons, s'oxide continuellement par portions, qui se précipitent de la liqueur en même-temps ; ce qui peut apporter des changemens dans les proportions des principes constituans du sel. Je n'ai pu porter assez loin encore ce dernier genre d'observations ; mais il m'a paru que les sels, dont la substance se trouve bien constituée, étaient les moins assujettis à ces variétés de dimensions.

Plusieurs sulfates se combinent parfaitement entr'eux, et en toutes proportions ; ceux du fer et du cuivre sont dans ce cas, et il en résulte toujours des rhomboïdes (*fig.* 8 *pl.* 3.) ; je ne crois pas que l'on puisse considérer ce résultat, comme une simple interposition. Les intrumens d'optique seraient d'un grand secours dans la recherche de tous ces phénomènes ; c'est une branche d'observations, à l'égard desquelles il ne paraît pas qu'aucune personne ait encore fait aucun travail suivi, et cette propriété admirable, à laquelle tient l'existence de tous les êtres physiques, présenterait sans doute des phénomènes intéressans et un nouveau champ à parcourir.

L'état de diffusion qui se trouve dans mon ouvrage, sera corrigé lorsqu'un artiste plus heureux, doué du génie d'observation sans lequel on a toujours tort d'entreprendre des opérations difficiles , s'occupera de la cristallotechnie.

Les rapports de l'Académie des sciences qui tiennent à l'objet que je viens de traiter, en font une partie d'autant plus essentielle, que les détails qu'ils contiennent serviront beaucoup à guider le travail des personnes qui voudront se livrer à l'étude de la *cristallotechnie*; c'est cette considération, plus que toute autre, qui m'engage à les joindre ici.

Extrait des Registres de l'Académie royale des Sciences.

Du 24 Mars 1786.

« L'Académie nous ayant chargés, M. Darcet, M. Bertholet et moi, d'examiner un mémoire de M. Leblanc, ayant pour titre : *Essai sur quelques phénomènes relatifs à la cristallisation*, nous allons lui en rendre compte.

» On sait que la cristallisation d'une même substance minérale, est susceptible de plusieurs formes régulières très-distinguées les unes des autres, et dont le nombre est limité par une suite des lois auxquelles est soumise cette opération. De plus, chacune de ces formes peut subir une infinité de modifications différentes, qui tiennent à des circonstances accidentelles. Ainsi, la longueur des prismes varie dans les divers cristaux d'une même substance ; d'autres fois certaines faces prennent plus d'étendue que les faces correspondantes, ce qui rend le cristal plus ou moins irrégulier. Il se forme même, dans certains cas, pendant l'accroissement d'un cristal, des facettes surnuméraires, qui remplacent les angles solides ou les arrêtes.

» L'objet principal du mémoire de M. Leblanc, est de déterminer quelques-unes des circonstances qui peuvent modifier une même forme cristalline. Les variétés qui dépendent de la position du cristal, ont surtout fixé son attention. En observant l'accroissement des cristaux d'une même substance, différemment situés dans un même fluide, il a remarqué que la diversité des positions avait une influence marquée sur celle des formes. Il s'est même assuré, par l'expérience, qu'il était le maître d'arrèter cette espèce de modification, pour en introduire une nouvelle dans la forme du cristal, en variant sa position dans la capsule.

» M. Leblanc cite pour exemple les modifications d'un sel creux minéral particulier, produit par l'union de l'alkali fixe minéral, de l'alkali volatil, de l'acide du vinaigre et du mercure. Parmi les cristaux de ce sel, qui se forment par une évaporation lente, les uns sont des prismes obliques à six pans, applatis dans le sens de leur épaisseur : deux des arrêtes opposées en diagonale aux deux extrêmités du prisme, sont remplacées chacune par une facette quadrilatère. D'autres cristaux ont quatre pans exagones, avec des sommets à quatre faces rhomboïdales, dont celles qui sont situées du même côté, aux deux extrêmités du cristal, ont quelquefois beaucoup plus d'étendue que les deux de la partie opposée. Le prisme intermédiaire est excavé par rapport à l'un de ses pans, ensorte que le cristal représente une nácelle, dont les trois grandes faces extérieures seraient formées par les trois pans qui restent pleins sur le prisme, et les faces de l'avant et de l'arrière par quatre des faces quadrilatères des sommets. Quelques différens que soient, au premier coup d'œil, ces derniers cristaux des prismes obliques dont nous avons parlé d'abord, M. Leblanc fait voir qu'ils ont entr'eux un rapport très sensible, lorsqu'on les compare ensemble avec attention. Car, si l'on conçoit que le cristal nacelle soit plein, et si l'on supprime deux des facettes de chaque sommet, toutes les autres faces auront la même position respective, et formeront entr'elles les mêmes angles que les faces correspondantes du prisme oblique, ainsi que M. Leblanc s'en est assuré, en mesurant ces angles avec soin. Seulement les dimensions respectives des deux cristaux différeront entr'elles, et cette différence consiste principalement en ce que les deux bases exagones du prisme oblique se trouvent rapprochées dans le cristal nacelle, qui n'est autre chose que le même prisme applati dans le sens de la hauteur, avec deux facettes de plus, et une excavation à l'endroit d'une des bases.

» Ces divers aspects, sous lesquels se présentent les formes des deux cristaux dont il s'agit, tiennent, comme nous l'avons dit, à la différence de leurs posititions dans la capsule. Le cristal en prisme oblique est couché sur le côté de manière que l'un de ses deux pans les plus étendus est en contact avec le fond de la capsule. Le cristal nacelle au contraire repose sur le fond par la face qui répond à l'une des bâses exagones du prisme, ensorte que l'espèce de trémie, qui en résulte, est en sens renversé de celle qui se forme à la surface du fluide dans la cristallisation du sel marin. Si lorsque les cristaux sont encore petits, on échange leur position, en dressant le cristal prismatique sur sa bâse et couchant sur le côté celui qui offroit déjà le rudiment d'un cristal nacelle, l'accroissement ultérieur des deux cristaux se fera de manière que le csistal prismatique deviendra cristal nacelle et réciproquement. Si la position est intermédiaire entre les deux qui déterminent les formes dont nous venons de parler, il en résultera, suivant M. Leblanc, une forme mitoyenne entre l'une et l'autre.

» M. Leblanc termine son mémoire par l'exposé de quelques expérience particulières, qui prouvent que les cristaux s'accroissent par une simple addition de nouvelles molécules, et non point par voie de développement, comme quelques auteurs l'out pensé. Le procédé de M. Leblanc consiste à fixer, dans un cristal, de petites verges de métal dont il mesure exactement la distance respective. Il remet ensuite le cristal dans une dissolution de la même nature pour lui faire prendre un nouvel accroissement, et il a remarqué que son volume augmentoit, sans que la distance entre les verges de métal, qui servaient comme de lignes de démarcation, parût avoir subi aucun changement.

» Le mémoire de M. Leblanc annonce un observateur attentif et éclairé. Ce n'est qu'en suivant son objet avec beaucoup d'assiduité qu'il est parvenu à saisir les circonstances locales qui déterminent le passage d'une variété à une autre, et à démêler les rapports mutuels de ces variétés à travers leurs diversités. Son travail est d'autant plus digne d'attention qu'il est lié à un autre travail plus considérable sur les sels surcomposés, et dont il promet de rendre compte incessamment à l'Académie. Nous croyons, en conséquence, que son mémoire mérite d'être approuvé par l'Académie et imprimé parmi les mémoires des savans étrangers. »

Fait à l'Académie le 24 mars 1786, signé Darcet, Bertholet et Hauy.

Je certifie le présent extrait conforme à son original et au jugement de l'Académie. A Paris ce 7 avril 1786.

Le marquis de Condorcet.

Extrait des registres de l'Academie royale des Sciences.

Du 16 mai 1787.

« L'Académie nous ayant chargés, M. d'Arcet, M. Bertholet et moi, d'examiner un Mémoire de M. Leblanc, qui a pour titre : *Observations sur l'alun cubique et sur le vitriol de cobalt ;* nous allons lui en rendre compte.

» Tous les cristaux qui appartiennent à une même substance ont une forme primitive commune, que l'on peut souvent en extraire, à l'aide d'une division mécanique, et que la substance prend quelquefois en vertu des seules lois de la cristallisation. Outre cette forme, il y a une multitude de formes secondaires, que l'on peut toujours ramener à la forme primitive, d'après des lois simples et régulières. Mais l'application de ces lois ne s'étend qu'à la structure des cristaux, et ne remonte point jusqu'aux circonstances particulières qui apportent des modifications dans la forme primitive. M. Leblanc s'est proposé d'étudier ces circonstances, et de déterminer leur influence sur les différens résultats de la cristallisation, en suivant avec attention tout ce qui se passe dans celle des sels. Ce chimiste a déjà présenté à l'Académie des observations intéressantes sur les variations de forme qui résultent des changemens de position, relativement à un sel acéteux minéral d'une nature particulière. Le Mémoire, dont nous rendons compte aujourd'hui, a pour objet des observations d'un autre genre et non moins dignes d'attention.

» On sait que l'alun cristallise ordinairement en octaëdre; mais en surchargeant ce sel de sa base, on a obtenu quelquefois des cubes, et d'autres fois seulement une espèce de magma, ou bien une substance composée de petites lames micacées. M. Leblanc a cherché à concilier ces différens résultats. Pour y parvenir, il a chargé une certaine quantité d'alun ordinaire avec la terre précipitée d'une autre portion du même sel, par le moyen de l'alkali fixe aéré. Il a varié les degrés du mélange, tantôt en faisant bouillir le dissolvant, et tantôt en se bornant à une dissolution faite à froid. Il résulte de ses expériences, 1°. que l'alun surchargé de sa base, autant qu'il puisse l'être, ne donne point de cristaux, mais tantôt un magma, et tantôt une substance micacée; 2°. que dans les proportions intermédiaires entre le plus haut degré de saturation, et celle qui donne l'alun octaëdre, on obtient des cristaux cubiques, quelquefois avec des modifications particulières, lorsque la proportion se rapproche de celle qui produit l'alun ordinaire; 3°. que l'opacité n'est point un des caractères de l'alun cubique.

« Pour obtenir des cristaux de vitriol de cobalt, M. Leblanc s'est servi de la mine de cobalt arsenicale et du safre, qu'il a fait dissoudre dans de l'acide vitriolique, dont la chaleur n'avait point été poussée jusqu'à l'ébullition, M. Leblanc ayant reconnu que cette dernière circonstance était nuisible au succès de l'opération. Ce chimiste a retiré de la liqueur, deux produits différens, savoir l'arsenic qui étoit blanc, et le cobalt qui avait une couleur rose. Cette dernière substance a donné par la crystallisation des prismes tétraëdres obliques, dont quelques-uns avaient des facettes à la place de deux angles solides opposés. Ces facettes modifient différemment la forme du cristal, selon qu'elles sont plus ou moins étendues;

et si l'on conçoit qu'elles s'étendent jusqu'aux diagonales des bases du prisme, et que celui-ci ait une hauteur convenable, la forme du crystal devient celle d'un octaëdre à facés triangulaires. Cette circonstance de deux variétés de forme, savoir le prisme oblique, et l'octaëdre, produites à la fois dans le même dissolvant, a paru digne de remarque à M. Leblanc. Elle prouve que le prisme oblique, qui est ici la forme primitive, et l'octaëdre qui n'est qu'une forme secondaire, sont composés de molécules intégrantes parfaitement semblables, et que par conséquent le passage de l'un a l'autre ne peut s'oppérer que par des soustractions régulières de ces molécules. M. Leblanc fait voir les conséquences qui résultent, relativement à la théorie, de la comparaison des octaëdres du cobalt, avec ceux qu'il a obtenus du vitriol martial, dont la forme primitive est aussi un prisme oblique, ou plutôt un rhomboïde, qui se modifie pareillement en octaëdres; crystallisations, dont l'aspect seul annonce les attentions éclairées qui ont dirigé la production de ces polyëdres, la plupart isolés, d'une forme très-bien prononcée et d'un volume considérable.

« M. Leblanc termine son mémoire par

l'exposé d'une méthode que l'observation lui a suggérée, pour mettre de l'ordre et de la suite dans son travail. Le but de cette méthode est de ranger sous autant de classes différentes, les circonstances qui peuvent influer sur les phénomènes, telles que la position du crystal, la densité de la liqueur, sa température, le mélange des matières composantes en différentes proportions, etc. A l'aide de cette classification, il sera plus aisé de démêler les actions des différentes causes qui se combinent pour modifier les résultats, et de parvenir aux conséquences qui naîtront de l'observation. Cette manière d'envisager la crystallisation, offre à M. Leblanc une ample matière de recherches neuves et capables de répandre un grand jour, sur un des résultats les plus remarquales des forces d'affinité qui existent entre les molécules des diverses substances de la nature. Nous croyons que l'académie ne peut qu'accueillir le projet qu'il a formé de se livrer avec zèle à ce travail intéressant, ou ses premiers essais, et en particulier ce mémoire, font augurer très-favorablement de ce qu'on doit attendre des nouvelles recherches, qu'il se propose de faire pour l'avancer vers sa perfection. Nous croyons en conséquence que son mémoire mérite l'approbation de l'académie, et d'être imprimé dans le Recueil des Mémoires des savans étrangers. »

Fait au Louvre, le 16 mai 1787, signé Bertolet, d'Arcet et l'abbé Hauy.

Je certifie le présent extrait conforme à son original et au jugement de l'académie.

A Paris, ce 28 mai 1787.

Le marquis de Condorcet,

Extrait des registres de l'Académie royale des Sciences.

Du 3 mai 1788.

« L'Académie nous a chargés, MM. d'Arcet, Berthollet et moi, d'examiner une suite de mémoire que lui a présenté M. Leblanc, et dont l'objet est d'exposer les phénomènes que ce chimiste à observés dans la cristallisation de diverses substances salines. Il y considère ces phénomènes, soit dans leurs rapports avec la nature même des composés soumis à la cristallisation, soit relativement à l'influence des circonstances particulières qui surviennent pendant l'opération, et qui déterminent tantôt le passage d'une forme à une autre, tantôt le retour à une forme déjà obtenue, quelquefois même le retour à la forme primitive. Nous devons observer que ces circonstances ne sont pas de purs accidens; M. Leblanc les prévoit, les amène, les fait varier à son gré, et cet

art

art de commander, en quelque sorte, aux résultats de l'opération, perfectionné par de nouvelles recherches, pourra contribuer à étendre et à développer d'avantage la théorie de la cristallisation. Au reste ces différens mémoires ont déjà obtenu successivement l'approbation de l'Académie. M. Leblanc, qui se propose de les faire imprimer dans un recueil séparé, y a seulement ajouté des notes qui en facilitent l'intelligence, avec des observations générales relatives à la manière de classer les phénomènes de la cristallisation, et qui nous ont paru propres à mieux faire sentir la liaison et la dépendance mutuelle de ces phénomènes. Ces mémoires sont faits pour intéresser les Chimistes et les Naturalistes, et ces derniers y trouveront avec plaisir les procédés d'un art capable de leur procurer une très-belle suite de cristallisations, obtenues de différentes substances qui se trouvent dans le sein de la terre, et dont le rapprochement avec les cristaux donnés immédiatement par la nature, ne pourraît que relever le prix de leurs collections. Nous croyons en conséquence que les Mémoires de M. Leblanc méritent d'être imprimés sous le privilège de l'Academie.

Fait au Louvre, le 3 mai 1788.

D'ARCET, BERTHOLLET, HAUY.

Je certifie le présent extrait conforme à l'original et au jugement de l'Académie. A Paris, le 26 mai 1788.

Le marquis de CONDORCET.

Extrait des Registres de l'Académie des Sciences.

Du 25 juillet 1792, l'an 4 de la liberté.

» L'Académie nous ayant chargés, MM. Daubenton, Sage, Berthollet et moi, d'examiner une suite de cristaux salins qui lui a été présentée par M. Leblanc, nous allons lui en rendre compte.

» M. Leblanc a déjà obtenu un jugement favorable de l'Académie, relativement à plusieurs mémoires qui renferment les résultats de ses observations sur la cristallisation des sels. Encouragé par l'intérêt que l'Académie a pris de ses succès, il vient aujourd'hui lui mettre de nouveau sous les yeux les produits de son travail, dans la vue de se livrer à de nouvelles recherches, et de former une collèction de cristaux salins, la plus complette et la plus soignée qu'il lui sera possible, si l'Académie juge cet objet digne d'être suivi avec tous les soins et toute l'assiduité nécessaires pour le bien remplir. Avant de donner notre opinion sur le projet de M. Leblanc, nous croyons devoir offrir à l'Académie un résumé de tous les travaux entrepris et exécutés, jusqu'ici, par ce chymiste sur la cristallisation.

» On avait remarqué qu'il en était des cristaux obtenus par les procédés de la chymie, comme de ceux que l'on retire du sein de la terre ; c'est-à-dire, que souvent la même substance se présentait sous des formes qui différaient plus ou moins entr'elles, et que de plus une même forme était susceptible de varier dans les dimensions respectives de ses diverses parties. Mais, en général, on avait peu réfléchi sur les circonstances qui déterminaient ces différentes modifications, ou, si elles avaient fixé l'attention de quelques chymistes, c'était seulement dans des cas particuliers, comme celui de la cristallisation en trémie, du muriate de soude, observé et décrit, avec beaucoup de soin, par M. Rouelle, qui en a fait le sujet d'un mémoire imprimé parmi ceux de l'Académie. M. Leblanc s'est proposé d'étudier ces métamorphoses des cristaux, d'en tirer des conséquences-pratiques, pour diriger la marche de la cristallisation ; en un mot, d'en faire la base d'un art qui fût soumis à des principes fixes et susceptibles d'une application raisonnée.

» Une des causes qui contribuent le plus aux variations de forme que subissent les cristaux originaires d'une même substance, est la différence des proportions entre les principes composans de cette substance ; ainsi le sulfate d'alumine ordinaire, ou avec excès d'acide, cristallise en octaëdre régulier. En ajoutant une certaine quantité de base, on obtient des cubes, et s'il y a excès de base jusqu'au point de saturation, le sel ne cristallise plus et ne donne qu'un magma. Si la proportion de l'acide avec la base varie, entre celle qui produit l'octaëdre et celle d'où résulte le cube, on aura des cristaux à quatorze faces, dont six parallèles à celles du cube et huit parallèles à celles de l'octaëdre ; et à mesure que le rapport des principes composans se rapprochera de l'une ou l'autre des limites, entre lesquelles se trouve renfermée la faculté de cristalliser, la forme elle-même participera plus ou moins de l'octaëdre qui répond à l'une de ces limites, ou du cube situé sur la limite opposée. (1) Il y a plus,

(1) Sans doute j'avais mal expliqué, dans mon

un octaëdre d'alun soumis à l'accroissement dans une liqueur susceptible de produire le cube comme d'un premier jet, passe lui-même à la forme cubique, et réciproquement un cube d'alun placé dans une dissolution avec excès d'acide, reprend le caractère des cristaux qui naissent immédiatement de cette dissolution, et se transforme en octaëdre.

» Les différens degrés de rapprochement entre les molécules salines suspendues dans une liqueur, suivant que ces molécules abondent plus ou moins dans un espace donné, sont encore une des circonstances dont M. Leblanc a su tirer parti relative-

---

mémoire, ce qui a rapport à cette partie. Il n'est pas vrai que la forme des cristaux reçoive des modifications de la manière qu'on l'explique ici, mais bien, comme je l'ai fait remarquer, à l'égard de l'alun. Quelque soit la quantité de base ajoutée à ce sel, si elle est en deçà de la saturation, la liqueur fournit uniquement ce cube. Si par une trop forte chaleur, ou par les chocs de l'ébullition, cette liqueur a été tourmentée, la portion de base ajoutée, fait divorce; et rendue par-là à son premier état la liqueur fournit l'octaèdre, ce qui a trompé quelques personne qui avaient voulu répéter cette expérience.

ment à son objet. Il a profité aussi de l'influence de l'air extérieur, de la température, et même de la position des cristaux au fond de la capsule, pour obtenir des résultats diversifiés. C'est en portant un œil attentif et éclairé sur le mécanisme de toutes ces différentes causes, en démêlant leurs actions à travers l'espèce de complication qui résulte de leur concours, en suivant, pour ainsi dire, toutes les nuances des phénomènes qu'elles présentent à l'observation, que M. Leblanc est déjà parvenu, pour certains sels, à maîtriser les résultats de la cristallisation, à faire naître telle modification de forme plutôt que telle autre, à obtenir chaque forme isolée, avec des faces très-prononcées, jouissant d'une belle transparence, si elle en est susceptible ; et enfin sous un volume souvent très considérable, et dont l'accroissement semble ne reconnaître d'autre terme que celui de la constance même de l'opérateur.

» Les cristaux de sulfate d'alumine que M. Leblanc a présentés récemment à l'Académie, justifient ce que nous venons de dire ; et l'un de nous s'étant rendu à Saint-Denis (1), y a vu chez ce chymiste des

(1) J'ai habité Saint-Denis pendant les années

cristaux de sulfate de cuivre et de plusieurs autres substances, qui prouvent également le succès avec lequel il a commencé à exécuter le grand travail dont il a conçu l'idée, et ce qu'on doit attendre de son zèle et de ses talens pour le conduire à sa perfection.

» Nous croyons, en conséquence, que l'Académie doit inviter M. Leblanc à s'occuper de former une collection complette de tous les sels cristallisés. Nous pensons, de plus, que l'exécution de ce projet mériterait d'autant plus d'être favorisée par des encouragemens particuliers, que M. Leblanc y a déjà employé un tems considérable, et que la constance avec laquelle il a suivi son travail, lui a fait faire des sacrifices auxquels son peu d'aisance ajoute un

---

1791 et 1792, pour l'établissement d'une manufacture de soude artificielle ; mais depuis plus de 40 ans, je suis habitant de Paris. Je fais cette remarque, parce qu'il existe à Saint-Denis, une famille nombreuse de Leblanc ; et que le père de cette famille, qui mérite et jouit d'ailleurs de l'estime publique, a mon âge, mon prénom, et signe absolument comme moi ; ce qui déjà a donné lieu à quelques méprises.

nouveau prix. Enfin, il serait à désirer que la collection de M. Leblanc fût placée dans un lieu où elle pût servir à l'instruction de ceux qui cultivent l'histoire naturelle, et en particulier la cristallographie, et que l'auteur se hâtât de publier les différens mémoires qu'il a composés sur ce sujet, pour diriger ceux qui souhaiteraient se livrer à la pratique d'un art neuf à beaucoup d'égards, intéressant pour le progrès de la chymie, et dont on pourra même tirer des lumières pour perfectionner la théorie de la cristallisation.

» Fait au Louvre, ce 25 juillet 1792.

Signés, DAUBENTON, SAGE, BERTHOLLET, HAUY.

» Je certifie le présent extrait conforme à l'original et au jugement de l'Académie. A Paris, ce 27 août 1792, l'an 4 de la liberté. CONDORCET, Secrét. perpét.

INSTITUT NATIONAL

DES SCIENCES ET ARTS.

Extrait des registres de la classe des Sciences Physiques et Mathématiques.

Séance du 30 thermidor an 10 de la République Française.

» Un membre, au nom d'une commission, lit le rapport suivant, sur un ouvrage du citoyen Leblanc, ayant pour titre : *Essai sur la cristallisation des sels.*

» Dans les années 1786, 87, 88 et 92, le citoyen Leblanc communiqua à l'Académie des Sciences, plusieurs observations intéressantes sur la cristallisation des sels et les modifications qu'ils éprouvent, suivant différentes circonstances qu'il détermine.

» Les Commissaires qui furent chargés d'en faire des rapports, estimaient alors que ces travaux avaient été conçus avec intelligence ; qu'ils ouvraient une carrière neuve aux chymistes, et aux naturalistes, et conclurent à l'impression de ces mémoires dans les volumes des savans étrangers. — Dès cette époque, le citoyen Leblanc avait observé que tous les sels susceptibles de cristalliser, avaient une forme primitive constante ; mais que cette forme pouvait varier, pour ainsi dire, à l'infini, suivant une foule de causes, telles que la température, la densité de la liqueur, la forme des vases, la position des cristaux relativement à la surface des vases ; par la proportion des élémens de ces sels, la surcomposition, le repos ou le mouvement, etc. Il enseigne aussi, dans ses mémoires, les méthodes qu'il faut suivre pour obtenir constamment la forme primitive dans quelques espèces, et pour leur faire prendre tel ou tel genre de modification. Non-seulement il peut, dans plusieurs cas, imprimer à la forme première un changement quelconque. Mais aussi il a trouvé des moyens de faire rétrograder cette forme, et la rendre à son type primitif.

» L'ouvrage qu'il présente aujourd'hui à l'Institut, est un développement de toutes les observations contenues dans ses mémoires, distribuées et arangées d'une manière méthodique : c'est un ouvrage élémentaire de l'art de faire cristalliser les sels, où sont exposés, avec clarté et simplicité, les moyens de conduire les dissolutions salines pour obtenir les premiers rudimens simples des cristaux, qu'il appelle ses élèves, et ensuite la manière de gouverner ces derniers pour leur faire prendre de gros volumes, une forme régulière, une transparence parfaite, et la propriété de se conserver long-tems à l'air sans s'altérer (1).

» Au commencement de son ouvrage, il examine l'état où doivent être les liqueurs, pour donner des cristaux bien parfaits, les causes qui produisent les perturbations, les accidents de position, les moyens de les faire naître ou de les éviter.

» Ayant remarqué que les dissolutions donnaient en même-tems des cristaux en prisme coupés net, et d'autres terminés par des pyramides, il en a cherché la cause, et l'a trouvée dans la position différente du cristal par rapport à la liqueur

(1) Un vernis à l'esprit-de-vin convient pour les mieux conserver.

et au vase. Cette expérience, répétée, a fourni constamment le même résultat.

» Il a de même remarqué que, quand les cristaux restaient dans la même condition, ils pouvaient être déplacés, renversés et transvasés, sans qu'il arriva aucun changement dans leur forme, pourvu qu'ils fussent posés sur les mêmes côtés ou sur les faces homologues ; que les vices résultans d'une fausse position et du contact avec les vases étaient facilement réparés, et que l'accroissement d'un cristal étoit illimité.

» Dès 1781 il aurait fait voir que l'accroissement d'un cristal, mis dans de certaines positions, pouvait en imposer par son changement d'étendue dans certaines parties, et que souvent il falloit mesurer les angles pour pouvoir le rapporter à la véritable forme. Il avait également remarqué l'influence que l'introduction d'un corps étranger pouvait apporter dans la forme naturelle d'un sel, et que les surcompositions étaient plus fréquentes qu'on ne l'avoit pensé jusques-là ; qu'à ces différentes causes de perturbation, venaient encore se joindre celles qui sont dues aux proportions des principes constituants, aux rapports existans entre le sel et son dissolvant, aux effets de l'air environnant etc. Il comptait examiner et varier ces observations sur un grand nombre de sels, et former des collections de cristaux et de tous leurs dérivés pour les cabinets d'histoire naturelle, mais ses projets estimables n'ayant pu avoir d'exécution, par plusienrs raisons il s'est déterminé à publier le peu qu'il a fait.

» L'art de conduire les cristallisations des sels, était absolument neuf avant le citoyen Leblanc; nulle part on n'avait réuni ni classé les phénomènes que présente cette opération naturelle. Ce chymiste doit donc en être regardé comme l'auteur.

» Pour obtenir des cristaux complets, il faut les isoler dans des vases de verre ou de porcelaine à fond plat, placer les cristallisoires dans des lieux tranquilles, et les remplir de dissolutions capables de leur donner incessamment de l'aliment : ce qui peut être déterminé au moyen de l'aréomètre. Sans cela, au lieu de fournir de nouvelles molécules au cristal, elle lui en prendrait jusqu'à ce que l'équilibre, entre le cristal et l'eau pour les parties salines, fût établi, et ce ne serait ensuite que par les soustractions d'une certaine quantité du dissolvant que le cristal pourrait s'accroître.

» Mais si, au contraire, l'eau était chargée de sel outre mesure, à l'aide de la chaleur, il s'établirait un trop grand nombre de centres d'attraction ; il se formerait une foule de petits cristaux, qui, en se réunissant promptement, ne fourniraient qu'une masse confuse. Si après que la liqueur a déposé la surabondance du sel, on la transvase et on y place des embryons complets, ils ne tardent pas à prendre un accroissement régulier et fournissent avec le tems des cristaux bien transparents, bien solides, de tel volume que l'on voudra et succeptibles de se conserver. Mais pour que cet accroissement se fasse également comme il convient par tout, il est nécessaire de les changer de position, et de les éloigner les uns des autres avec une spatule en agitant le moins possible la liqueur. Il est même bon de n'en mettre qu'un seul dans chaque vase pour éviter l'enclavement qu'ils pourraient contracter entr'eux.

» Si l'évaporation du dissolvant ne suit pas exactement les mêmes rapports que la précipitation des molécules salines, alors la cristallisation ne tarde pas à s'arrêter : il arrive même que si la température vient à augmenter, où si l'air dépose quelques parties d'eau dans la liqueur, les cristaux éprouvent un commencement de dissolution, ce qui a lieu principalement sur les arrêtes et sur les angles.

» Il y a certains sels sur lesquels le dépouillement semble avoir lieu, pièce à pièce, de manière à montrer, pour ainsi dire, le gîte des molécules. On évite cet accident en examinant souvent l'état de la liqueur. Si l'on s'apperçoit que les arêtes commençent à s'émousser, on retire les cristaux, on fait rapprocher convenablement la liqueur ou seulement une partie, et on y plonge de nouveau les cristaux.

» Lorsqu'on est ainsi parvenu à former des cristaux assez volumineux pour être placés un à un et sans contact eutr'eux, il faut les changer souvent de position, pour que les faces se trouvent alternativement en contact avec le fond du vase et avec la liqueur, et croissent dans des proportions égales, ce qui donnera nécessairement une forme complette et régulière dans son espèce.

» Le cit. Leblanc a vu que les changemens de forme résultans de la position des cristaux, avaient lieu d'une manière plus

marquée

marquée dans les sels qui fournissent des prismes allongés. Si le cristal est posé sur un de ses pans, il croît dans une étendue telle que la distance d'une base à l'autre n'est jamais moindre que celle qui se trouve entre ses côtés; mais s'il est placé sur une de ses bases, il augmente principalement dans le sens de ses côtés et paraît alors comprimé. Cette observation est intéressante; elle peut servir à expliquer l'extention plus considérable que les autres, que prennent souvent certaines parties des cristaux, et semble annoncer qu'il n'y a pas une affinité égale entre les molécules salines et les différentes parties des cristaux. Un cristal placé sur un de ses pans dans une liqueur tranquille, croît sur toutes ses faces excepté celle qui touche au vase, en sorte qu'il se forme une trémie dans ce point, parce que cette face croît encore sur les bords et ne peut le faire dans le milieu. C'est le sulfate de cuivre qui a présenté ces phénomènes d'une manière plus marquée. (1)

---

(1) Par rapport au sulfate de cuivre, il faut entendre uniquement les trémies qui se forment à la surface de la liqueur.

» Le citoyen Leblanc a cru devoir s'occuper de l'influence de la proportion des élémens des sels sur leur forme cristalline. Il dit, avec raison, que cet objet mériterait une étude suivie, et que sans doute il en résulterait des observations très-intéressantes.

» Il a choisi, pour sujet de ses expériences, l'alun, le sulfate de zinc et le sulfate de cuivre. Il a vu, relativement à ce dernier, que lorsqu'il contenait une surabondance d'acide, il cristallise en prismes obliques à huit pans, terminés par des faces coupées net, suivant l'obliquité du prisme; mais que si l'on sature cet acide par une addition de sa base, il présente des pyramides taillées sur plusieurs faces et séparées par un prisme quadrilatère. Le sulfate de zinc acidulé fournit des prismes hexaëdres, tandis que, saturé de sa base, il donne des rhombes peu différens du cube.

» Il a également démontré que l'alun, qui, dans son état ordinaire, donne l'octaëdre, prenait au contraire la forme cubique par une addition d'alumine. Il a, de plus, observé qu'un cristal d'alun octaëdre, plongé dans une dissolution propre à fournir des cubes, passait bientôt à cette forme par une soustraction de rangées de molécules aux sommets des angles solides ; ensorte que les lames vont continuellement en décroissant sur les faces triangulaires, jusqu'à ce que le cristal soit arrivé au cube parfait. Le contraire a lieu, si l'on met un cube d'alun dans une dissolution propre à donner des octaëdres. Il a vu, dans ce cas, qu'il se faisait en même-tems des soustractions sur les arrêtes ; ensorte que les lames de superposition allaient en décroissant à la fois, suivant l'ordre qui rétablit l'octaëdre et celui qui produit le dodécaëdre à plans rhombes.

Avant de terminer ce rapport, nous croyons devoir citer une observation du citoyen Leblanc, qui nous paraît intéressante, et qui semble prouver qu'il n'existe pas toujours une équipondérance de force entre les cristaux et la liqueur pour les molécules salines. Ayant mis dans un vase de deux pouces de diamètre, sur deux pieds de haut, une dissolution d'alun suffisamment chargée pour alimenter des cristaux qu'il y avait suspendus à différentes élévations jusqu'à la surface, il a remarqué que leur accroissement était d'autant plus considérable, qu'ils se rapprochent plus du fond du vase, et que lorsque la liqueur se trouvait dépouillée de molécules par les effets de l'accroissement, du repos, et quelquefois aussi par les changemens de l'atmosphère, les cristaux décroissaient par des gradations semblables à celles des accroissemens, de manière qu'au bout d'un certain tems, les cristaux les plus voisins de la surface se dissolvaient pendant que ceux du fond croissaient encore.

» Nous ne nous étendrons pas davantage sur l'ouvrage du citoyen Leblanc, quoiqu'il renferme encore beaucoup d'autres observations intéressantes, qui prouvent que ce savant a mis dans son travail beaucoup de tems, de patience et d'intelligence. Nous terminons, en faisant remarquer qu'en se conformant aux procédés décrits dans cet ouvrage très-peu volumineux, l'on peut suivre avec facilité la marche de la nature dans la formation des différens sels ; arriver ainsi par la synthèse à connaître les lois qu'elle observe pour donner naissance à telle ou telle modification, et confirmer les belles découvertes auxquelles le cit. Hauy est arrivé par l'analyse et le calcul.

» Ce genre d'observation nous parait d'autant plus intéressant que beaucoup de sels artificiels ont une contexture qui ne se prête pas à la dissection et que l'on ne peut remonter par le calcul à leur forme primitive que d'une manière hypothètique parce qu'il arrive souvent que les noyaux de forme différente peuvent donner des polyëdres semblables.

Dans un des rapports qui furent faits sur ces objets à l'académie des sciences, les commissaires, pénétrés de son importance, témoignèrent vivement le desir de voir encourager ce genre d'observation, et leurs conclusions furent adoptées par cette compagnie.

Ce qui a paru intéressant à l'Académie, ne doit pas le paraître moins à l'Institut, dont le but principal est l'avancement des sciences. En conséquence, guidés par les mêmes motifs, nous lui proposons d'inviter le Ministre de l'Intérieur à fournir au citoyen Leblanc les moyens nécessaires pour continuer ses recherches sur la cristallisation des sels, et pour imprimer son ouvrage. Il en résultera, suivant nous, plusieurs avantages importans, savoir, 1°., des moyens nombreux et sans cesse renaissans d'étendre et de confirmer la théorie de la cristallisation déjà rendue si satisfaisante par les travaux du citoyen Hauy, 2o. des collections complettes de cristaux bien purs, depuis leurs formes les plus simples jusqu'aux plus compliquées, pour les cabinets d'histoire naturelle et les démonstrations publiques ; 3o., la possibilité d'expliquer les causes par l'effet desquelles la nature nous offre une foule de variétés de formes de la même substance ; 4o., enfin celui de rendre à ses occupations chéries un savant estimable à tous égards, que les malheurs de la révolution ont mis dans l'impossibilité de soutenir sa famille.

» Fait à la classe des Sciences Mathématiques et Physiques de l'Institut National. 30 thermidor an 10.

» Signé, Hauy et Vauquelin.

» La classe approuve le rapport et en adopte les conclussions.

» Certifié conforme à l'original, à Paris le 2 fructidor an 10. F. A. Lacroix,

Le Comité d'Instruction publique de la Convention nationale avait pris un arrêté, le 27 prairial de l'an 2, qui, considérant la *Cristallotechnie* comme un art neuf, voulait non-seulement que mon travail fut continué, mais que je fusse chargé en même-tems de rédiger un ouvrage sur cette partie, et les événemens de la révolution ont empêché l'exécution de cet arrêté.

FIN.

EXPLICATION DES PLANCHES.

FIGURE 1. Prisme hexaëdre accru, étant posé sur l'un de ses pans.

FIG. 2. Le même accru, étant posé sur l'une de ses bases.

FIG. 3. Prisme à huit pans.

FIG. 4. Octaëdre régulier.

FIG. 5. Prisme quadrilatère à pyramides *multifaces*.

FIG. 6. Cube régulier.

FIG. 7. Le même, dans l'intérieur duquel un octaëdre est inscrit.

FIG. 8. Rhomboïde.

FIG. 9. Le même que la figure 3, mais qui a pris son accroissement étant posé sur l'une de ses bases.

FIG. 10. Tetradecaëdre commençant.

FIG. 11. Tétradecaëdre complet.

· Les cristaux sont représentés dans les mêmes dimensions de ceux qui ont servi de modèle.

PL. I.

Fig. 1.

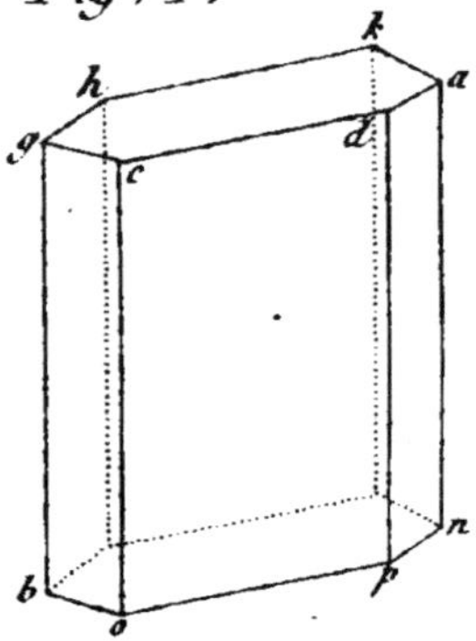

Fig. 2.

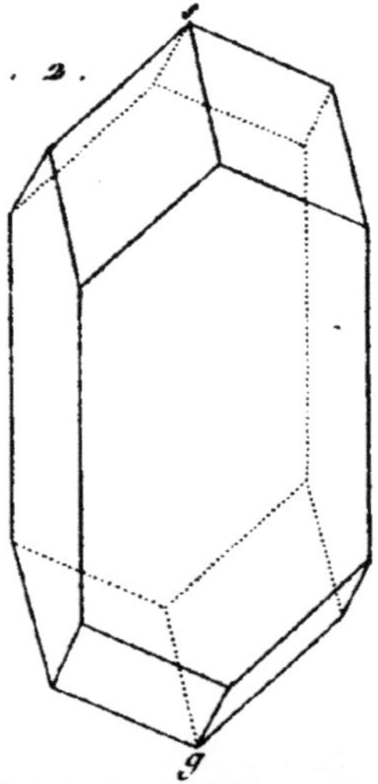

Fig. 3.

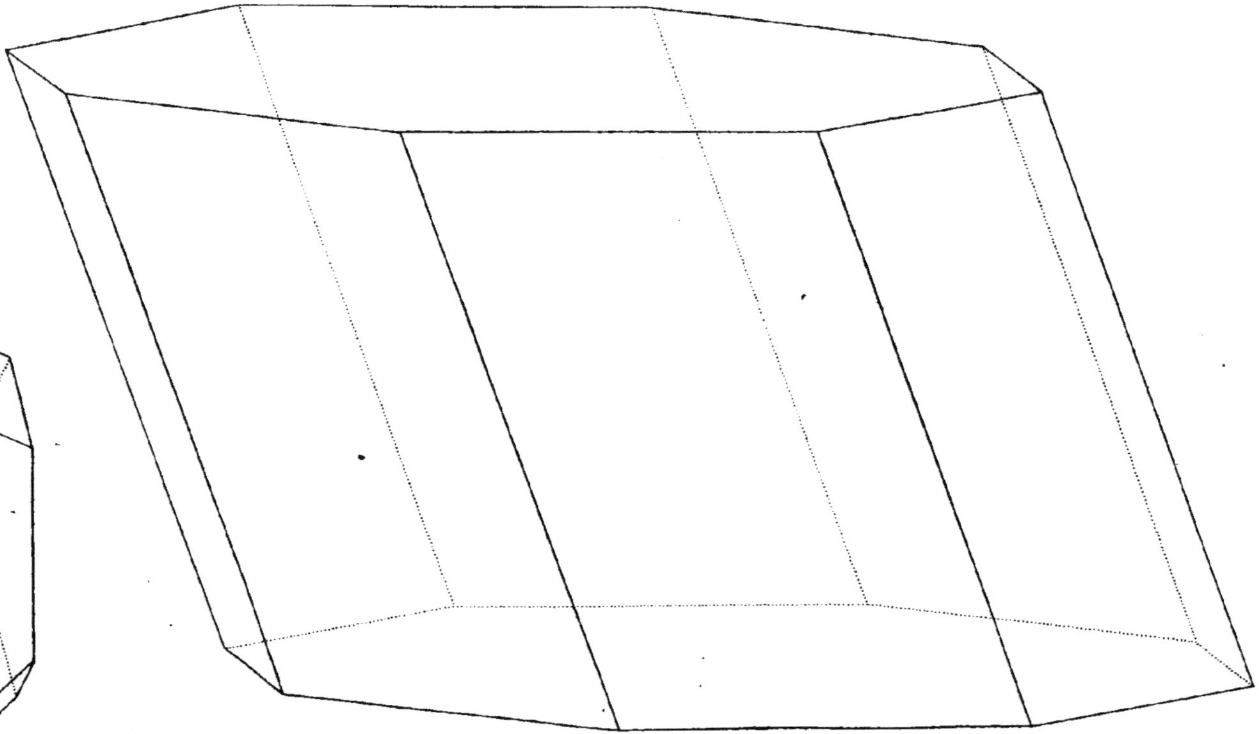

Fig. 4.

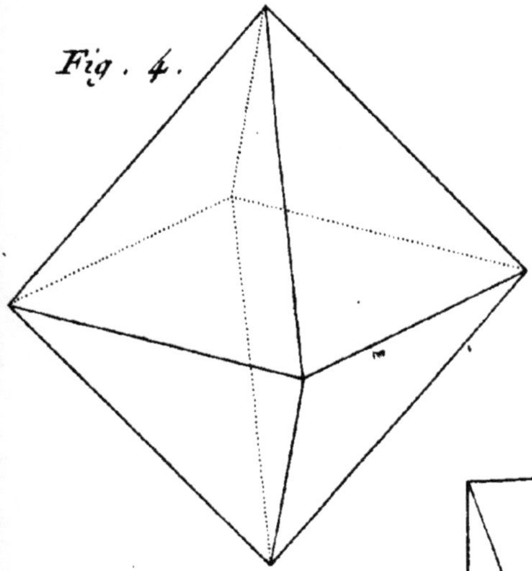

Fig. 5.

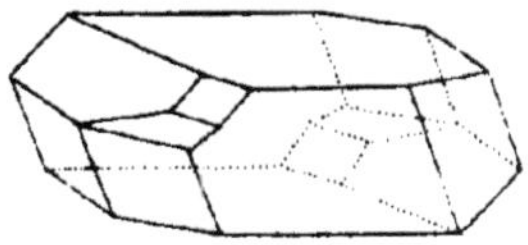

Fig. 6.

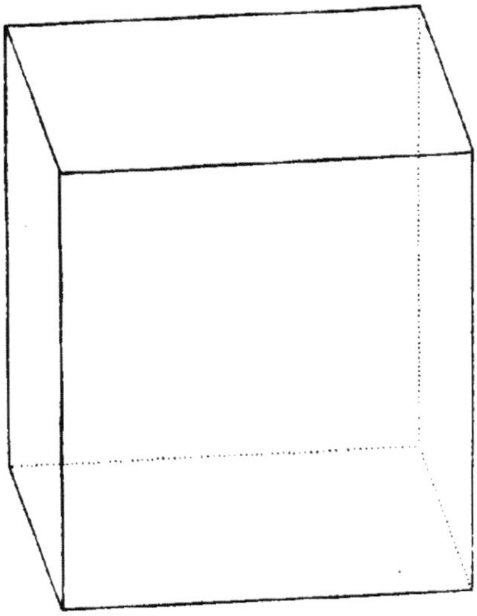

Fig. 7.

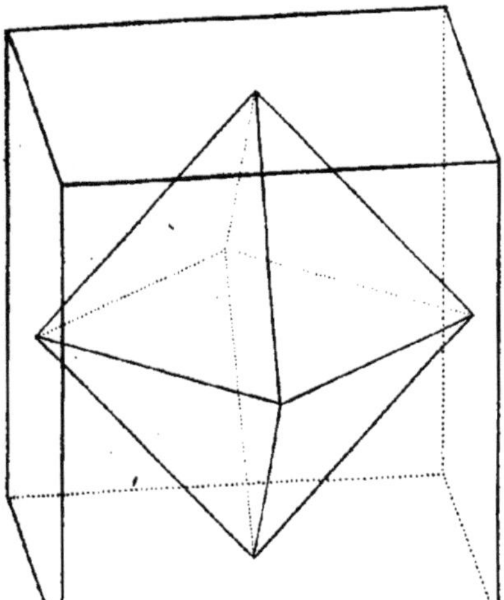

Fig. 8.

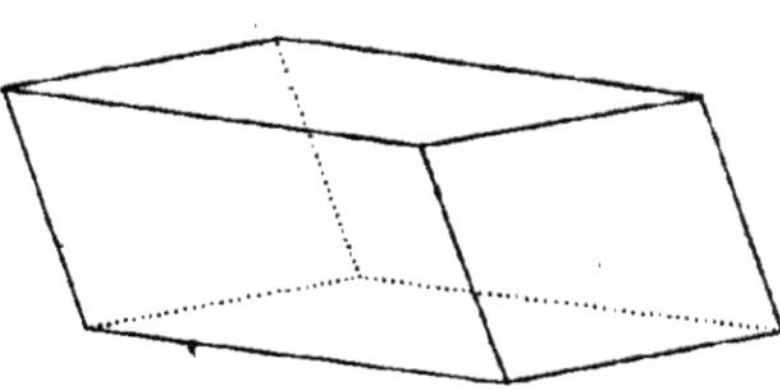

Fig. 9.

Fig. 10.

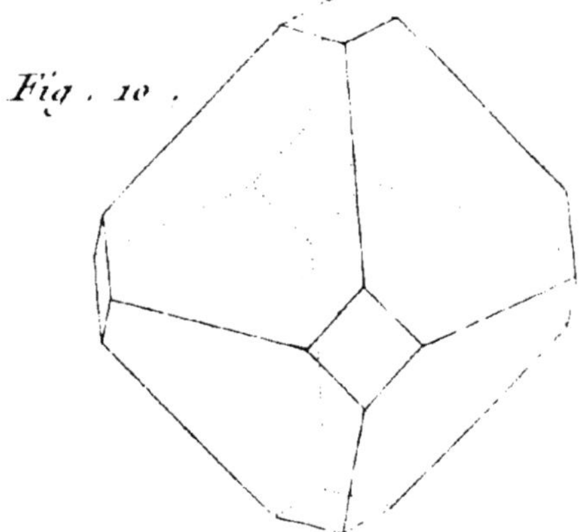

Fig. 11.

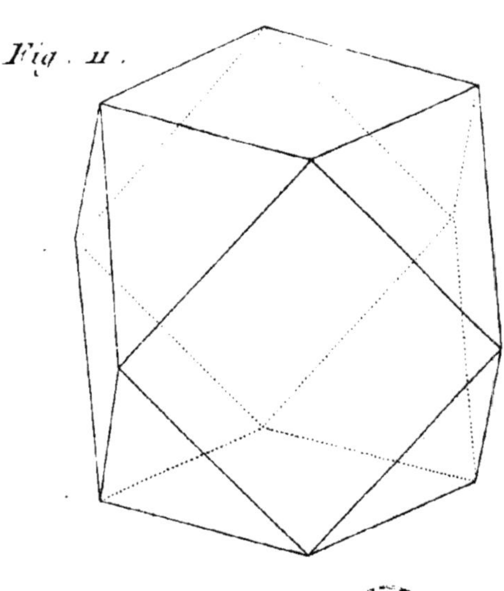

www.ingramcontent.com/pod-product-compliance
Ingram Content Group UK Ltd.
Pitfield, Milton Keynes, MK11 3LW, UK
UKHW021110260726
13994UKWH00002B/817